山东省气象防灾减灾科普图解

史玉光◎主编

气象出版社
China Meteorological Press

内容简介

本书重点围绕山东省经常发生的气象灾害及其次生灾害，从灾害认识、灾害记忆、灾害预警和灾害防御等方面，借助历史灾害图片、卡通图片以及语言文字介绍相关知识，是一本具有山东地方特色的气象科普读物。

全书图文并茂、通俗易懂，有助于增强公众防灾减灾意识，提高防灾减灾能力，对提高全民科学素质具有重要作用。

图书在版编目（CIP）数据

山东省气象防灾减灾科普图解/史玉光主编．—北京：气象出版社，2018.3

ISBN 978-7-5029-6728-4

Ⅰ.①山…　Ⅱ.①史…　Ⅲ.①气象灾害－灾害防治－山东－图解　Ⅳ.①P429-64

中国版本图书馆CIP数据核字（2018）第017194号

山东省气象防灾减灾科普图解

Shandongsheng Qixiang Fangzai Jianzai Kepu Tujie

出版发行：气象出版社

地　　址：北京市海淀区中关村南大街46号　　**邮政编码**：100081

电　　话：010-68407112（总编室）　010-68408042（发行部）

网　　址：http://www.qxcbs.com　　**E-mail**：qxcbs@cma.gov.cn

责任编辑：陈　红　　**终　　审**：吴晓鹏

责任校对：王丽梅　　**责任技编**：赵相宁

封面设计：博雅思企划

印　　刷：北京地大天成印务有限公司

开　　本：787mm×1092mm　1/16　　**印　　张**：3.5

字　　数：50千字

版　　次：2018年3月第1版　　**印　　次**：2018年3月第1次印刷

定　　价：20.00元

《山东省气象防灾减灾科普图解》编委会

主　编： 史玉光

副主编： 李春虎　薛德强

编　委： 任年民　周　超　于　潼　邢　彤　黄　敏

灾害图片提供（以姓氏笔划为序）：

于　群　马守强　马　丽　王业宏　王　冰　王琪珍

亓翠芸　尤　军　毛晓平　石　磊　叶爱华　申培鲁

冯建设　曲永苋　朱　敏　朱　霞　刘继敏　孙　彦

孙培良　苏　轶　李旭杰　杨恩海　杨瑞峰　吴立滨

邹俊丽　宋　佳　张衍华　张　寅　陈立春　郑良臣

郑宝枝　宫国钦　祝尔康　柴德美　曹　洁　崔宜少

阎景东　裴洪芹　臧克民

前　言

一年三百六十日，春夏秋冬各九十。
冬寒夏热最难当，寒则如刀热如炙。
春三秋九号温和，天气温和风雨多。
一年细算良辰少，况又难逢美景何？

——明·唐伯虎

山东省地处中纬度，受冷暖气团交替影响，天气气候复杂多变，加上地形复杂多样，气象灾害频繁发生。主要气象灾害有大风、台风、暴雨、洪涝、冰雹、干旱、冻害、雾等，频繁发生的气象灾害及其衍生灾害，严重威胁国民经济发展和人民生命财产安全。

“安能履险如履夷，纵有灾患不萦绕。世间何处求此方，神仙试访三山岛。”这里的“夷”是平安的意思。囿于时代，古人只好寄希望于臆想中的神仙，期冀着能有一个“履险如履夷”的安全生存环境。今天，我们不信神，我们相信科学。对于目前人们还不可避免的气象灾害，一是预警，二是避险，三是应急，四是保险。凡事预则立，不预则废。首要的是通过广播、电视、网络、手机、12121 电话等手段及时获取气象部门发布的气象灾害预警信息，并实时采取预防、应急和抢险等应对措施。

加强气象科普工作是提高人们气象防灾减灾意识的重要手段，也是提升全民素质的一个重要方面。《山东省气象防灾减灾科普图解》对全省主要气象灾害进行了简单介绍，用一幅幅图片回忆了历史灾害的损失情景，列举了气象灾害的严重程度所对应的气象灾害预警信号级别及灾害防御措施。图文并茂、通俗易懂，有助于对公众进行气象防灾减灾教育，提升防灾意识和应急避险能力，减少灾害损失。

《山东省气象防灾减灾科普图解》被列入山东省全民科学素质教育推荐书目。

编者

2017 年 11 月 18 日

目　录

前言

大风

漫道春来好，狂风大放颠。
吹花随水去，翻却钓鱼船。
——唐·杜甫

风在我国神话里被奉为“风伯”。如果没有风，人类赖以生存的空气就将成为“一潭死水”。风太大也不行，一旦“风伯”发起疯来，便是狂风怒吼，飞沙走石，拔树倒屋，让人胆战心惊。

1. 灾害认识

在陆地，平均风力达 6 级以上或阵风风速（10 分钟或 2 分钟平均）达 8 级以上，称大风。

大风是山东一年四季中最常见的一种灾害性天气。大风不仅能够造成农作物倒折减产，甚至连根拔起，导致绝产，而且往往给海上运输和捕捞、内河航运、水产养殖、石油开发及城市高耸建筑物、广告牌和人民的生命财产造成巨大的损失或威胁。大风常常会引起沙尘天气，尤其是在干旱的春季，地面大量的尘沙被强风吹起，还能形成沙尘暴。

风力等级表

风力级数	名称	风速（米 / 秒）	陆地地面物象
0	无风	0.0 ～ 0.2	静，烟直上
1	软风	0.3 ～ 1.5	烟示风向，但风向标不动
2	轻风	1.6 ～ 3.3	人面感觉有风，树叶微响，风向标能转动
3	微风	3.4 ～ 5.4	树叶及微枝摇动不息，旌旗展开
4	和风	5.5 ～ 7.9	能吹起地面灰尘和纸张，树的小枝摇动
5	劲风	8.0 ～ 10.7	有叶的小树摇摆，内陆的水面有小波
6	强风	10.8 ～ 13.8	大树枝摇动，电线呼呼有声，举伞困难
7	疾风	13.9 ～ 17.1	全树摇动，迎风步行感觉不便
8	大风	17.2 ～ 20.7	微枝折毁，人行向前感觉阻力甚大
9	烈风	20.8 ～ 24.4	建筑物有小损（烟囱顶部及平屋摇动）
10	狂风	24.5 ～ 28.4	陆上少见，见时可使树木拔起或使建筑物损坏严重
11	暴风	28.5 ～ 32.6	陆上很少见，见则必有广泛损失
12	飓风	32.7 ～ 36.9	陆上绝少见，摧毁力极大

注：风速是指水平离地 10 米处的风速。

2. 灾害记忆

2006 年 4 月 28 日，山东省聊城、济南、泰安、济宁、枣庄、临沂六市遭受飑线袭击，先后出现雷雨大风，平均风力 8 ～ 9 级，济南和临沂两市的局部地区风力达 10 ～ 11 级，部分地区出现冰雹。灾害造成重大人员伤亡，直接经济损失达到 11.7 亿元。

◀ 2011年7月29日，夏津县大风造成大树倒伏，甚至折断。

▶ 2012年6月7日，德州临邑风雹造成即将成熟的小麦倒伏。

▲ 2016年6月13—14日，济南市出现大风、冰雹和短时强降雨天气，农作物大面积受灾。

3. 灾害预警

大风（除台风外）预警信号分四级，分别以蓝色、黄色、橙色、红色表示。

名称	图标	标准
大风蓝色预警信号		24 小时内可能受大风影响，平均风力可达 6 级以上，或者阵风 7 级以上；或者已经受大风影响，平均风力为 6 ～ 7 级，或者阵风 7 ～ 8 级并可能持续。
大风黄色预警信号		12 小时内可能受大风影响，平均风力可达 8 级以上，或者阵风 9 级以上；或者已经受大风影响，平均风力为 8 ～ 9 级，或者阵风 9 ～ 10 级并可能持续。
大风橙色预警信号		6 小时内可能受大风影响，平均风力可达 10 级以上，或者阵风 11 级以上；或者已经受大风影响，平均风力为 10 ～ 11 级，或者阵风 11 ～ 12 级并可能持续。
大风红色预警信号		6 小时内可能受大风影响，平均风力可达 12 级以上，或者阵风 13 级以上；或者已经受大风影响，平均风力为 12 级以上，或者阵风 13 级以上并可能持续。

4. 灾害防御

（1）关好门窗，加固围板、棚架、广告牌等易被风吹动的搭建物，妥善安置易受大风影响的室外物品，遮盖建筑物资。停放车辆要远离大树、广告牌等。

（2）停止露天活动和高空等户外危险作业，危险地带人员和危房居民尽量转移到避风场所避风。

（3）出行注意尽量少骑自行车，不要在广告牌或临时搭建物下面逗留；发布红色预警时，房屋抗风能力较弱的中小学校和单位应当停课、停业，人员减少外出。

（4）如果必须在室外活动，最好穿戴防风尘的衣服、手套、面罩、眼镜等物品。尘土迷眼时千万不要揉。回到房间后应及时清洗面部。房间内落满灰尘要及时用湿抹布擦拭，清理干净。

（5）相关水域水上作业和过往船舶采取积极的应对措施，如回港避风或绕道航行等，加固港口设施，防止船舶走锚、搁浅和碰撞。

（6）机场、铁路、高速公路、水上交通等单位应当采取保障交通安全的措施。

床床避漏幽人屋，浦浦移家蜑子船。
龙卷鱼虾并雨落，人随鸡犬上墙眠。
——宋·苏轼

龙卷风

龙卷风，美国人在过去称它为托纳蛇，它的确酷似晃晃悠悠从天而降的一条巨蟒。我们的祖先称其为龙，因为它与神话里那从波涛中窜出、腾云驾雾的东海蛟龙很相象。其实，它更像一个摆动不停的大象鼻子。苏轼诗中的“龙卷鱼虾”“鸡犬上墙”说的就是龙卷风的巨大“吸力”作的怪。

1. 灾害认识

龙卷风是一种强烈的、小范围的空气涡旋，是由雷暴云底伸展至地面的漏斗状云(龙卷)产生的强烈的旋风，其风力可达12级以上，是大气中最强烈的涡旋现象，作为一种“最小尺度”的灾害性天气，影响范围虽小，但破坏力极大，造成的灾害往往是毁灭性的。山东龙卷风时有发生，往往出现在夏季并伴随着暴雨和冰雹，进一步加剧了损失程度。

2. 灾害记忆

2000年7月20日，滨州市邹平县遭受龙卷风袭击，树木被拧断。

2010年7月20日，潍坊市临朐沂山龙卷风将大树拔起。

3. 灾害防御

（1）在室内，务必远离门、窗和房屋的外围墙壁。可躲到与龙卷风方向相反的墙壁或小房间内抱头蹲下。在楼上，应立即转移到一楼，暂避到比较坚固的桌子底下，抱头蹲下。

（2）立刻离开危险房屋、活动场所或其他简易住处，到附近比较坚固的房屋内躲避，最安全的地方是混凝土结构的地下室。

（3）在野外遭遇龙卷风时，应就近寻找与龙卷风路径垂直方向的低洼地藏身，但要远离大树、电杆，以免被砸、被压和触电。

（4）驾驶汽车外出遇到龙卷风时，千万不能开车躲避，也不要在汽车中躲避，因为汽车对龙卷风几乎没有防御能力，应立即离开汽车，到低洼地躲避。

台风

台风骤起水飞扬，波涛风涌似狼嚎。
树枝折断头弯腰，屋外杂物满天跑。
——亦名

台风一词源自希腊神话中大地之母盖亚之子 Typhon，这个字词与我国广东话“大风”音相似，就成为“Typhoon”一词了。还有人认为这种风暴来自台湾，所以称为台风。对于台风的威力和形态，我省古籍中有所记载，如《山东通志》记有“万历四十八年七月八日，登州府大风，海水溢，文登、靖海卫伤运船九十六只，溺死水工二百余人，漂没粮三万五千余石。”

1. 灾害认识

我们平常所说的台风就是热带气旋，是指在热带或副热带洋面上生成的热带低压系统（逆时针高速旋转的大气涡旋）。

山东是沿海大省，平均每年受 2 次左右台风影响，可造成大风、暴雨或风暴潮灾害。直接登陆山东的台风相对较少，平均 5—6 年一遇。影响山东的台风多出现在 7—9 月，半岛和南部沿海受影响次数最多。

热带气旋等级表

热带气旋等级名称	底层中心附近最大平均风速（米 / 秒）	底层中心附近最大风力（级）
热带低压	10.8 ～ 17.1	6 ～ 7
热带风暴	17.2 ～ 24.4	8 ～ 9
强热带风暴	24.5 ～ 32.6	10 ～ 11
台风	32.7 ～ 41.4	12 ～ 13
强台风	41.5 ～ 50.9	14 ～ 15
超强台风	≥ 51.0	16 或以上

2. 灾害记忆

1992 年，第 16 号强热带风暴从苏北进入鲁东南，经过胶东半岛进入黄海北部。8 月 31 日傍晚至 9 月 2 日，山东先后出现大范围暴雨、大风和风暴潮灾害，造成重大人员伤亡，农作物受灾面积近 133 万公顷，交通、通信和电力线路遭到严重破坏，直接经济损失 47 亿元。

▲ 1992年第16号强热带风暴造成荣成沿海公路被冲毁。

▲ 2005 年 8 月 7—9 日，受台风“麦莎”袭击，烟台牟平一桥梁被毁坏。

▲ 2012年8月28日，台风“布拉万”登陆威海，造成严重灾害。

3. 灾害预警

台风预警信号分四级，分别以蓝色、黄色、橙色、红色表示。

名称	图标	标准
台风蓝色预警信号		24 小时内可能或者已经受热带气旋影响，沿海或者陆地平均风力达 6 级以上，或者阵风 8 级以上并可能持续。
台风黄色预警信号		24 小时内可能或者已经受热带气旋影响，沿海或者陆地平均风力达 8 级以上，或者阵风 10 级以上并可能持续。
台风橙色预警信号		12 小时内可能或者已经受热带气旋影响，沿海或者陆地平均风力达 10 级以上，或者阵风 12 级以上并可能持续。
台风红色预警信号		6 小时内可能或者已经受热带气旋影响，沿海或者陆地平均风力达 12 级以上，或者阵风 14 级以上并可能持续。

4. 灾害防御

（1）停止露天集会和高空作业等户外活动，发布橙色、红色预警时应停课、停业（特殊行业除外）。

（2）相关水域水上作业和过往船舶应当积极应对，回港避风或者绕道航行等，加固港口设施，防止船舶走锚、搁浅和碰撞。

（3）加固或拆除门窗、围板、棚架、广告牌等易被风吹动的搭建物，切断危险的室外电源，人员切勿随意外出，应留在结构坚固的建筑物内，远离门窗，必要时躲在桌子下面或者坚固的物体下面。当台风中心经过时风力会减小或者静止一段时间，切记强风很快将会突然吹袭，应当继续留在安全处避风。

（4）相关地区应当注意防范强降水可能引发的山洪、泥石流等地质灾害。沿海地区还应注意防范风暴潮的危害。

（5）灾后需要注意环境卫生，做好食物及水源等消毒工作。

黑云翻墨未遮山，白雨跳珠乱入船。
卷地风来忽吹散，望湖楼下水如天。
——宋·苏轼

暴雨与洪涝

自古以来，暴雨不断，江河泛滥，导致人为鱼鳖。《圣经》中诺亚方舟传说讲的就是与暴雨、洪水有关的故事，我国民间更有“洪水猛兽”一说。在我国，早在先秦时代，《管子·度地篇》就有“五害之中水为大”的说法。

1. 灾害认识

暴雨是指 24 小时降水量大于或等于 50 毫米的降雨，按照降水量的大小可将其分为暴雨、大暴雨和特大暴雨。连续两天或以上出现的暴雨称为连续暴雨。山东的暴雨多出现在 6 月下旬至 9 月上旬。大范围的连续暴雨或雨量过分集中的特大暴雨，往往会形成洪涝灾害。不仅危害农作物、果树、林业和渔业，而且可冲毁房屋和工农业设施，造成交通瘫痪，人畜伤亡，损失严重。

降雨量等级表

降雨量等级名称	12 小时降雨量（毫米）	24 小时降雨量（毫米）
毛毛雨、小雨、阵雨	0.1 ~ 4.9	0.1 ~ 9.9
小雨到中雨	3.0 ~ 9.9	5.0 ~ 16.9
中雨	5.0 ~ 14.9	10.0 ~ 24.9
中雨到大雨	10.0 ~ 22.9	17.0 ~ 37.9
大雨	15.0 ~ 29.9	25.0 ~ 49.9
大雨到暴雨	23.0 ~ 49.9	38.0 ~ 74.9
暴雨	30.0 ~ 69.9	50.0 ~ 99.9
暴雨到大暴雨	50.0 ~ 104.9	75.0 ~ 174.9
大暴雨	70.0 ~ 139.9	100.0 ~ 249.9
大暴雨到特大暴雨	105.0 ~ 169.9	175.0 ~ 299.9
特大暴雨	⩾ 140.0	⩾ 250

▲ 2009年7月18日，烟台蓬莱市暴雨冲毁桥梁和河道。

2. 灾害记忆

▲ 1993 年 7 月 9—12 日，菏泽市降大暴雨，学校进水。

▲ 1998 年 7 月 13—14 日，德州平原降特大暴雨，村庄被淹。

▲ 2007 年 7 月 18 日，济南市出现特大暴雨，1 小时最大降雨量达到 151.0 毫米。这次特大暴雨造成重大人员伤亡，直接经济损失达 13.2 亿元。

▲ 2011 年 7 月 25 日，乳山特大暴雨冲毁桥梁。

▲ 2011 年 7 月 25 日，文登强降雨冲垮河堤和道路。

3. 灾害预警

暴雨预警信号分四级，分别以蓝色、黄色、橙色、红色表示。

名称	图标	标准
暴雨蓝色预警信号		12 小时内降雨量将达 50 毫米以上，或者已达 50 毫米以上且降雨可能持续。
暴雨黄色预警信号		6 小时内降雨量将达 50 毫米以上，或者已达 50 毫米以上且降雨可能持续。
暴雨橙色预警信号		3 小时内降雨量将达 50 毫米以上，或者已达 50 毫米以上且降雨可能持续。
暴雨红色预警信号		3 小时内降雨量将达 100 毫米以上，或者已达 100 毫米以上且降雨可能持续。

4. 灾害防御

（1）学校、幼儿园、危险地带的单位采取适当措施，保证学生、幼儿和职工安全，发布红色预警时应停止集会、停课、停业（特殊行业除外）。

（2）室内人员尽量不要外出；处于危旧房屋或低洼地带的人员，应提前转移到安全地点，特别注意夜间的暴雨。

（3）汽车、自行车、行人应尽量避免在积水中通行，提防马路上的窨井、下水道，尽量远离泄洪沟、护城河等排水设施，以防被卷入。

（4）行人要尽量避开路灯杆、变电器、电线杆等物体，尤其是倾斜的高压线铁塔或者下垂的断头电线，以防触电。

（5）政府、有关部门和单位应按职责做好暴雨预警、应急和抢险工作。疏通河道、下水道，做好城市、农田的排涝工作，加固病险水库，做好山洪、滑坡、泥石流等灾害的防御和抢险工作。

（6）特别提示：不贪财物应迅速撤离危房；尽量不要游泳逃生；路上遇暴雨不要待在车里躲雨；遇危险立即发求救信号等待救援。

雷车动地电火明，急雨遂作盆盎倾。
强弩夹射马陵道，屋瓦大震昆阳城。
——宋·陆游

雷电

在古希腊神话中，雷神宙斯是众神之王，在我国则有雷公电母之说，它发怒时，电闪雷鸣，屋瓦大震，暴雨倾盆。一直到 18 世纪，一个生长在美国的印刷工人出身的科学爱好者富兰克林不相信雷电是神，跟地面上两个带电物体之间的放电现象一样，是一种自然现象，并且他发明了避雷针。随后，人们发明了各种各样的预防雷击的设备，如避雷针、消雷器、避雷线、避雷带、避雷网等。

1. 灾害认识

雷电是大气中的放电现象。强烈的雷电有时会毁坏建筑物、设备和击死人、畜，给人们的生命和财产带来危害。

雷电灾害主要发生在夏季，春、秋季也有发生，冬季很少出现雷电灾害。

2. 灾害记忆

1989 年 8 月 12 日，中国石油天然气总公司黄岛油库遭雷击引发特大火灾爆炸事故，造成重大人员伤亡，经济损失达亿元以上。

▲ 2007 年 4 月 7 日，日照市莒县浮来镇变电所遭雷击起火，造成距离变电所南 1000 米处的高压架空线路烧断，1 台 35 千伏安变压器损坏，10 座配电柜损毁。

▲ 2015 年 8 月 5 日，日照市莒县浮来镇田家念头村一农户遭雷击房屋起火。

3. 灾害预警

雷电预警信号分三级，分别以黄色、橙色、红色表示。

名称	图标	标准
雷电黄色预警信号	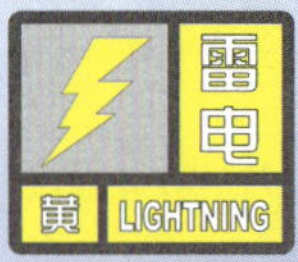	6 小时内可能发生雷电活动，可能会造成雷电灾害事故。
雷电橙色预警信号		2 小时内发生雷电活动的可能性很大，或者已经受雷电活动影响，且可能持续，出现雷电灾害事故的可能性比较大。
雷电红色预警信号		2 小时内发生雷电活动的可能性非常大，或者已经有强烈的雷电活动发生，且可能持续，出现雷电灾害事故的可能性非常大。

4. 灾害防御

（1）户外人员应当躲入有防雷设施的建筑物或汽车内并关好门窗；不要使用无防雷装置的电视、电话，不要打手机。

（2）切断危险电源，远离树木、电杆、塔吊等高耸孤立的物体。

（3）切勿接触天线、水管、铁丝网、金属门窗、建筑物外墙等，远离电线等带电设备和其他类似金属装置。

（4）在空旷场地不要打伞，不要把农具、羽毛球拍、高尔夫球杆等扛在肩上。

（5）不开摩托车、骑自行车赶路，打雷时切忌狂奔。找一块地势低的地方，蹲下，双脚并拢，手放膝上，身向前屈，千万不要躺在地上。注意大家不要集中在一起，或者牵着手靠在一起。

（6）在雷雨天气不要洗澡，尤其是不要使用太阳能热水器洗澡。

冰雹

北风阁雨去不下，惊沙苍茫乱昏晓。
传闻城外八九里，雹大如拳死飞鸟。
——宋·王安石

冰雹，明暗相间，酷似在云中长成的珍珠。但是，它更像从云中射出的连发子弹，能击伤（或击毙）地面上鲜活的生命，特别是露天的农作物、躲避不及的飞禽走兽，甚至处在室外的人们。对于这致命的子弹，自古以来，人们就竭力还击之。二次世界大战后，意大利人发明了用火箭消灭冰雹的方法。这多么像现代军事上的空中拦截啊！其实，在气象上，这叫人工防雹，如今，在我国各地已广泛开展。

1. 灾害认识

冰雹是一种直径大于 5 毫米的固体降水物，简称“雹”，俗称雹子，也称冷子或冷蛋子，是从发展强盛的积雨云中降落到地面的冰球或冰块。其直径一般为 5 ~ 50 毫米，大的可达 10 厘米以上。

冰雹是山东省春、夏季节时常发生且危害较严重的一种气象灾害。冰雹天气出现时，往往伴有强雷雨、突发性大风和龙卷风等天气，造成大量人员伤亡和重大经济损失。

山东的冰雹天气具有山区多于平原的特点，尤以鲁中、鲁北地区较多。

2. 灾害记忆

▲ 2010 年 6 月 19 日，泰安市岱岳区地瓜叶被冰雹砸落一地。

▲ 2016 年 9 月 11 日，滨州市阳信县遭受冰雹袭击，鸭梨受灾严重甚至绝收。

▲ 2014 年 7 月 1 日，东营市利津县遭受冰雹袭击，农作物被砸成光秆。

3. 灾害预警

冰雹预警信号分二级，分别以橙色、红色表示。

名称	图标	标准
冰雹橙色预警信号		6 小时内可能出现冰雹天气，并可能造成雹灾。
冰雹红色预警信号		2 小时内出现冰雹可能性极大，并可能造成重雹灾。

4. 灾害防御

（1）关好门窗，妥善安置好易被冰雹砸坏的室外物品。

（2）居民切勿随意外出，确保老人小孩留在家中。

（3）采取防护措施，确保学生、幼儿上（放）学和在校安全。

（4）户外作业人员要停工，应立即到安全地方暂避。

（5）不要进入孤立棚屋、岗亭，或在烟囱、电杆、大树下躲避。注意防御冰雹天气伴随的雷电灾害。

（6）加固温室、畜舍；驱赶家禽等进入有顶棚的场所；对农作物采取遮盖、灌水护苗、突击抢收等保护措施；对受灾作物采取如扶株培土、追肥、补种等管理措施。

（7）气象部门积极并适时进行人工消雹作业。

（8）特别提示：在室外可就近找木板或盆、筐类器具顶在头上，以防被砸伤；户外行车中突遇冰雹应立即停车，并遮盖车顶。

天地一大窑，阳炭烹六月。
万物此陶镕，人何怨炎热。
——宋·戴复古

高温

夏天那滚滚热浪，尤如“天地一大窑”，直叫“空中鸟雀命将休”“水底鱼龙鳞角脱”“便是铁人须汗落”。而现代人常常用“桑拿天”来形容自己在三伏天里挥汗如雨、热不可耐的情景，气象工作者及时发布的高温预警信息及其应对措施的提示，就是送给百姓避暑的“一夕金风”。

1. 灾害认识

一般把日最高气温达到或超过35℃时称为高温，连续数天（3天以上）的高温天气过程称之为高温热浪。

高温热浪使人体感到不适，工作效率降低，中暑、肠道疾病和心脑血管等病症的发病率增多，严重者可诱发热射病，导致死亡。盛夏季节特别是7—8月，在副热带高压控制下，出现高温天气，给人民生活以及国民经济各部门都造成一定的影响，同时造成水电供应紧张，如果高温少雨同时出现，会加速旱情的发展，还易引发森林火灾。

2. 灾害记忆

▲ 重症中暑又称热射病，是一种致命性疾病，病死率高。该病通常发生在夏季高温高湿的天气里。

▲ 2017 年 8 月 10 日，淄博市高青县青城镇一老人中暑晕倒，幸好在民警的帮助下得到及时救治（资料来自于大众网 2017 年 8 月 12 日山东新闻）。

3. 灾害预警

高温预警信号分三级，分别以黄色、橙色、红色表示。

名称	图标	标准
高温黄色预警信号	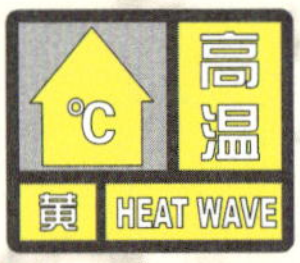	连续三天日最高气温将在 35 ℃以上。
高温橙色预警信号	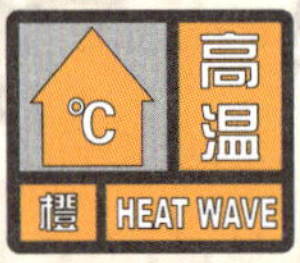	24 小时内最高气温将升至 37 ℃以上。
高温红色预警信号	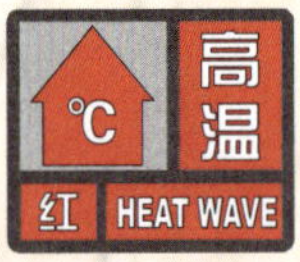	24 小时内最高气温将升至 40 ℃以上。

4. 灾害防御

（1）尽量避免在高温时段进行户外活动，高温条件下作业的人员应当缩短连续工作时间。

（2）对老弱病幼人群提供防暑降温指导，并采取必要防护措施。

（3）预防中暑，一定要多喝水，含电解质的水（如淡盐水）最好。

（4）高温天气下，一旦出现大汗淋漓、神志恍惚时，要注意降温，如发生昏迷现象，应及时送医院治疗。

（5）政府、有关部门和单位应当在高温来临前做好供水和防暑医药供应的准备工作，并合理调整工作时间。

正月彗星出，连年旱魃兴。
自应多变故，何可望丰登。
孰有回天力，谁怀济世能。
——宋·戴复古

干旱

旱魃，我国民间传说中一个引起旱灾的怪物。《说文》曰："魃，旱鬼也。"现代人们积极找水，节约用水。比如，实施人工增雨，开发空中云水资源，此乃战胜旱鬼的"回天之力"，可望获得丰登。

1. 灾害认识

通常所说的旱灾，是指因久晴无雨或少雨，降水量比常年同期明显偏少而形成的。干旱是山东省最主要的气象灾害之一，特别是春季较易发生。

干旱可以导致旱灾，使粮食减产、土地沙化、环境污染、水质下降、森林火灾多发、沙尘暴频发等，给国民经济和社会发展造成严重影响。

2. 灾害记忆

1992 年，山东境内干旱，黄河断流，田地干裂。

▲ 2015 年 7 月，干旱使临沂市蒙阴县岸堤水库水位较常年降低 12 米。

▲ 2016 年 9 月，烟台莱阳市遭受干旱，玉米大面积枯死。

3. 灾害预警

干旱预警信号分二级，分别以橙色、红色表示。干旱指标等级划分，以国家标准《气象干旱等级》（GB/T 20481—2006）中的综合气象干旱指数为标准。

名称	图标	标准
干旱橙色预警信号		预计未来一周综合气象干旱指数达到重旱（气象干旱为 25 ～ 50 年一遇），或者某一县（区）有 40% 以上的农作物受旱。
干旱红色预警信号		预计未来一周综合气象干旱指数达到特旱（气象干旱为 50 年以上一遇），或者某一县（区）有 60% 以上的农作物受旱。

4. 灾害防御

（1）采取提外水、打深井、车载送水等多种应急手段，优先确保居民生活用水，必要时可实行限时或限量供应。

（2）居民自觉节水，使用节水龙头，杜绝用水器具跑、冒、滴、漏。

（3）爱护水源、绿地，积极参加植树造林。

（4）缩小或者阶段性停止农业灌溉供水，限制非生产性耗水及服务业用水，限制排放工业污水。

（5）植树种草，发展林业，防止水土流失；涵养水分，增加水源，建设海绵城市；增建水库，增加拦蓄地表水，增加雨水蓄积；跨流域调水。

（6）气象部门适时加大人工增雨力度。

（7）农业上采用节水灌溉，如滴灌、喷灌；采用地面覆盖，如用地膜、秸秆或绿肥覆盖等抗旱措施。

冻害

种不宜早，恐春霜伤苗；
刈不宜晚，恐秋霜伤桃。
——古农书《群芳谱》

汉代科学家张衡曰："繁霜降兮草木零。"难怪有人形容"霜似利刀""霜打万顷枯"。须指出的是，"杀手"不是霜本身，而是形成霜的低温。

1. 灾害认识

冻害是指0℃以下的低温，可使作物体内结冰，对作物造成的伤害。常发生的有越冬作物冻害、果树冻害和经济林木冻害等。

冬半年来自极地或寒带的大规模强冷空气暴发，影响范围广、降温剧烈、时常伴有偏北大风和雨雪天气，造成低温严寒和霜冻。春季有时冻伤小麦、果树花蕊和早春作物幼苗，造成减产，晚春有时还伴有雷暴和冰雹等灾害天气；秋季带来的低温和霜冻，能造成晚秋作物减产或绝产；冬季可冻死作物、树木，冻伤和冻死人、畜，影响交通和冬季施工，引发黄河凌汛灾害等。

2. 灾害记忆

▲ 2009 年 4 月 16 日，济南小麦遭受冻害。

▲ 2013 年 4 月 20 日，潍坊市临朐县大樱桃遭受雪灾冻害。

▲ 2015 年 11 月 27 日，济宁市汶上县芸豆遭受冻害。

▲ 2016 年 3 月 11 日，泰安市岱岳区大蒜被冻坏。

3. 灾害预警

霜冻预警信号分三级，分别以蓝色、黄色、橙色表示。

名称	图标	标准
霜冻蓝色预警信号		48 小时内地面最低温度将要下降到 0℃以下，对农业将产生影响，或者已经降到 0℃以下，对农业已经产生影响，并可能持续。
霜冻黄色预警信号		24 小时内地面最低温度将要下降到零下 3℃以下，对农业将产生严重影响，或者已经降到零下 3℃以下，对农业已经产生严重影响，并可能持续。
霜冻橙色预警信号		24 小时内地面最低温度将要下降到零下 5℃以下，对农业将产生严重影响，或者已经降到零下 5℃以下，对农业已经产生严重影响，并将持续。

4. 灾害防御

（1）霜冻前，对农作物、蔬菜、花卉、瓜果、林业育种要采取遮盖、灌溉、熏烟、喷雾等方法防霜冻。受冻之后，对于冻死农作物及时补栽或改种；日晒使湿度上升过快，会加重伤害，应及时遮荫防晒。

（2）选择适宜播种期及早熟品种，避开霜冻危害时期；合理进行农业布局，选择作物适宜种植地点。

（3）居民注意添衣保暖。

（4）采用煤炉取暖的居民要选用正规的炉具，正确安装风斗。

雪压冬云白絮飞，万花纷谢一时稀。
高天滚滚寒流急，大地微微暖气吹。
——毛泽东

暴雪

隆冬时节，寒流急急，乌云滚滚，大雪横飞，万紫千红一时间都凋谢了，好一派凄凉景象。如此过大的降雪量，就不再是“天女散花”“麻姑掷米”的“瑞雪兆丰年”了。

1. 灾害认识

暴雪是冬季长时间大量降雪造成大范围积雪的一种自然现象，暴雪及其伴随的大风降温天气，严重影响甚至破坏交通、通信、输电线路等生命线工程。

降雪量等级表

降雪量等级名称	12 小时降雪量（毫米）	24 小时降雪量（毫米）
小雪	0.1 ~ 0.9	0.1 ~ 2.4
小到中雪	0.5 ~ 1.9	1.3 ~ 3.7
中雪	1.0 ~ 2.9	2.5 ~ 4.9
中到大雪	2.0 ~ 4.4	3.8 ~ 7.4
大雪	3.0 ~ 5.9	5.0 ~ 9.9
大到暴雪	4.5 ~ 7.5	7.5 ~ 15.0
暴雪	⩾ 6.0	⩾ 10.0

2. 灾害记忆

▲ 2005 年 12 月 8 日，威海雪灾，压垮房舍。

▲ 2005 年 12 月 8 日，荣成市俚岛镇一养猪场猪棚被暴雪压塌后，猪崽被压死或冻死。

▲ 2008 年 12 月 5 日，烟台莱山区暴雪，影响交通。

▲ 2015 年 11 月 24 日，济宁市微山县暴雪压倒牛棚 11 间，压死黄牛 51 头。

3. 灾害预警

暴雪预警信号分四级，分别以蓝色、黄色、橙色、红色表示。

名称	图标	标准
暴雪蓝色预警信号		12 小时内降雪量将达 4 毫米以上，或者已达 4 毫米以上且降雪持续，可能对交通或者农牧业有影响。
暴雪黄色预警信号		12 小时内降雪量将达 6 毫米以上，或者已达 6 毫米以上且降雪持续，可能对交通或者农牧业有影响。
暴雪橙色预警信号		6 小时内降雪量将达 10 毫米以上，或者已达 10 毫米以上且降雪持续，可能或者已经对交通或者农牧业有较大影响。
暴雪红色预警信号		6 小时内降雪量将达 15 毫米以上，或者已达 15 毫米以上且降雪持续，可能或者已经对交通或者农牧业有较大影响。

4. 灾害防御

（1）关好门窗，固紧室外搭建物；危旧房屋要加固或及时撤出。

（2）暴雪来临前要减少外出，外出时要穿暖和些，戴有色眼镜，宜穿软底或防滑鞋，接近广告牌、屋檐、大树等处时，要小心观察或绕道通过，以免因冰雪融化脱落伤人。

（3）尽量减少车辆外出，非机动车轮胎应少量放气，机动车有条件的要安装防滑链，要慢速行驶，保持车距，拐弯时提前减速，避免急刹车，服从交通疏导安排。

（4）遇到暴雪天气，幼儿园、学校和单位应采取暂避措施，必要时停课、停业。

（5）及时清扫屋顶和棚架等易被雪压的搭建物，以免被压塌。要主动清扫自家或单位附近道路和屋顶上的积雪。

（6）政府、有关部门和单位应加强电力、通信线路巡查，做好交通疏导、积雪扫除、线路维护等准备工作。农牧部门要指导农牧民加固棚舍，储备饲料。

（7）特别提示：注意夜间暴雪，提防破旧房屋倒塌伤人；选用正规炉具，正确安装风斗，提防煤气中毒；雪地行走步幅要小，落脚要慢，留心被雪覆盖的洼地浅坑、残缺井盖等。

秋城海雾重，职事凌晨出。浩浩合元天，溶溶迷朗日。
才看含鬓白，稍视沾衣密。道骑全不分，郊树都如失。
——唐·韦应物

雾和霾

2013年初，我国大范围的雾霾，特别是华北地区一些大城市弥漫着的雾霾，铺天盖地似的，被人们调侃为“十面霾伏”，“霾”这个气象名词一下子“升级”了，已经超出气象科学范畴，雾和霾成为了官方和民众都十分关注的社会环境问题。其实，早从工业革命时起世界上有很多城市就体验过“雾霾之殇”。1838年，英国著名作家狄更斯以雾都伦敦为大背景创作的《雾都孤儿》中有这样形象的比喻：“有生命的伦敦眼睛刺痛，肺部郁闷，有生命的伦敦是一个浑身煤炱（tái）的幽灵……”

1. 灾害认识

雾和霾其实是不同的。雾是悬浮在低层大气中的水汽凝结物；霾是浮游在空中的大量极细微的干尘粒子，包括灰尘、硫酸、硝酸、有机化合物等，其主要成分就是现在人们常说的$PM_{2.5}$（细颗粒物）污染物。

雾和霾的根本区别是水分含量的多少，水分含量达到90%以上的叫雾，低于80%的叫霾。90%～80%是雾和霾的混合物，但主要成分是霾。肉眼看来，雾的颜色是乳白色、青白色，霾则是黄色、橙灰色；雾的边界很清晰，过了“雾区”可能就是晴空万里，但是霾则与周围环境边界不明显。

雾和霾天气导致能见度下降，容易引发交通事故，造成人员伤亡；而且由于雾和霾中含有一些污染物，对人体健康也很不利；连续数天的雾和霾还会影响农作物的生长，诱发各种病害，造成作物大量减产。

内陆地区雾多发生于秋、冬季，沿海地区雾多发生于春、夏季。而霾多发生于秋、冬季。

2. 灾害记忆

▲2016 年 1 月 10 日，菏泽定陶大雾。

▲2016年3月5日，日照大雾。

雾和霾

▲2017 年 1 月 4 日，济南霾。

▲2017 年 1 月 11 日，聊城大雾。

3. 灾害预警

(1) 大雾预警

大雾预警信号分三级，分别以黄色、橙色、红色表示。

名称	图标	标准
大雾黄色预警信号		12 小时内可能出现能见度小于 500 米的雾，或者已经出现能见度小于 500 米、大于等于 200 米的雾并将持续。
大雾橙色预警信号		6 小时内可能出现能见度小于 200 米的雾，或者已经出现能见度小于 200 米、大于等于 50 米的雾并将持续。
大雾红色预警信号		2 小时内可能出现能见度小于 50 米的雾，或者已经出现能见度小于 50 米的雾并将持续。

(2) 重污染天气预警

随着雾和霾天气的出现和加重，带来的污染天气在不断的加重，为此，气象和环保部门据此规定了污染天气预警分级标准。

重污染天气预警分级标准统一采用空气质量指数（AQI）指标，分为四级，分别以蓝色、黄色、橙色和红色表示。AQI 日均值按连续 24 小时（可以跨自然日）均值计算。

名称	标准
蓝色预警	预测 AQI 日均值大于 200，且未达到高级别预警条件。
黄色预警	预测 AQI 日均值大于 200 将持续 2 天（48 小时）及以上，且未达到高级别预警条件。
橙色预警	预测 AQI 日均值大于 200 将持续 3 天（72 小时）及以上，且预测 AQI 日均值大于 300，且未达到高级别预警条件。
红色预警	预测 AQI 日均值大于 200 将持续 4 天（96 小时）及以上，且预测 AQI 日均值大于 300 将持续 2 天（48 小时）及以上；或预测 AQI 日均值达到 500。

4. 灾害防御

（1）减少外出，尽量少在雾中活动或到人多的空气不流通的地方；外出戴上口罩，回家后立即清洗手脸。体弱或患有呼吸系统疾病的应待在家里。

（2）少开窗，如开窗通风要避开一早一晚污染高峰时段；过敏病人家中不宜用空气清新剂，可使用加湿器。不要在户外晾晒衣物。

（3）机场、高速公路、轮渡码头等单位加强调度指挥，适时采取交通安全管制措施，如机场暂停起降，高速暂时封闭，轮渡暂时停航等。

（4）驾驶人员根据雾和重污染天气行驶规定，采取预防措施，严格控制车、船的行进速度。骑车和步行的人应多加小心，注意交通安全，减速慢行，遵守交通规则。

（5）有雾、霾时学校不要进行室外体育活动或露天集会。

（6）欣赏雾景注意脚下，以免看不清前方而跌倒，甚至掉入悬崖。

（7）特别提示：锻炼时间最好选择在上午到傍晚前的空气质量较好，能见度较高的时段；地点以树多草多的地方为好，还应适度减少运动量与运动强度。

雨后幸无山洪暴，沟涧潺潺有细河。

——续范亭

山洪和泥石流

因大到暴雨，自山上突然奔泻而下的山洪和泥石流，咆哮着，像一群受惊的野马，从山谷里狂奔而来，势不可挡，所经之处，草木荡然无存，就不再是“沟涧潺潺有细河”的美丽景象了。

1. 灾害认识

夏季，在山区，遇到降雨量大而急，雨水聚集不能快速下泄，易造成山洪。泥石流常常与山洪相伴，是山区沟谷或斜坡上由暴雨等引发的含有大量泥沙、石块、巨石的特殊洪流。可造成人员伤亡、财产损失、生态环境破坏等。

山东的山洪和泥石流主要发生在鲁中山区和半岛丘陵地区。

2. 灾害记忆

▲2012 年 7 月 30 日，台风“达维”造成淄博石安峪发生山洪、滑坡、泥石流。

▲2012 年 8 月，受台风“达维”影响，青州暴发山洪。

3. 灾害防御

（1）山洪防御须知

● 山洪易发区的人员，每遇连降大暴雨，必须保持高度警惕，尤其是

晚上更应十分警觉，一旦发现异常，应立即关闭电源、煤气，撤离现场。首先要选择登高避难的方式，不要沿着行洪道方向或沟谷往下跑，而要向两侧快速躲避。不可攀爬带电的电线杆、铁塔，也不要爬到不结实的建筑物顶部。

● 千万不要游泳逃生，要利用船只、木排或寻找门板、大块塑料泡沫等较大漂浮物逃生。不要轻易涉水渡河，以防止被山洪冲走。

● 被洪水围困时，只有固守高地等待救援，可尽快拨打 110、119 等电话求援；无通信条件的，可制造烟火、挥动鲜艳的衣物或集体同声呼救，不断向外界发出紧急求助信号，并主动采取自救措施。

● 洪水过后，要服用预防流行病的药物，做好卫生防疫工作，避免发生传染病。

(2) 泥石流防御须知

- 在泥石流多发地区建新房，一定要选择安全地带。
- 注意观察周围环境，特别警惕远处传来的土石崩落等异常声响，这很可能是泥石流将至的征兆。
- 在沟谷或山下活动时，一旦遭遇大雨、暴雨等强降水天气，要迅速转移到安全地带，不要在低洼的谷底或陡峻的山坡下躲避、停留。
- 发现泥石流袭来时，要马上向与泥石流呈垂直方向的两边山坡上面躲避，越高、越快越好，绝对不能往泥石流的下游走。
- 野外扎营时，一定要选择平整的高地作为营址，不要在有滚石和大量堆积物的山坡下面或山谷、河沟底部扎营。

(3) 政府、有关部门和单位应当加固病险水库，加强对地质灾害易发区和堤防等重要险段巡查。

(4) 特别提示：在山洪和泥石流多发季节，尽量不要到山洪和泥石流多发山区城镇旅游。已经撤出危险区的人，暴雨停止后不要急于返回沟内住地收拾物品，应等待一段时间。在多雨的夏季，山区城镇居民特别要提防夜间的暴雨。

(5)判断是否发生山洪和泥石流的小常识：一是看，即如果观察到河(沟)床中正常流水突然断流或洪水突然增大；二是听，即如果深谷或沟内传来类似火车轰鸣声或闷雷声；另外，如果沟谷深处变得昏暗并伴有轰鸣声或轻微的振动声，都说明沟谷上游已发生泥石流了。

隶城百里，顿成泽国，

田园禾稼皆毁，村屯树木尽杀。

——唐元和八年《无棣县志》

风暴潮

那咆哮着势如排山倒海般的水墙一样的海潮，如“群龙腾跃”，可跃过海堤，吞噬岸边的一切。如明万历四十一年（公元 1613 年）七月七日，青州、广饶、寿光海潮入侵一百二十里，害民田产无算。

1. 灾害认识

风暴潮是热带气旋（台风、飓风）、温带气旋和寒潮过境等引起的海面异常升高或降低现象，亦称风暴增（减）水、“风暴海啸”或“气象海啸”。风暴潮是山东沿海地区发生次数少但危害极其严重的气象海洋灾害。

风暴潮往往夹带狂风恶浪而至，溯江河洪水而上，常常使其影响所及的滨海区域潮水暴涨，甚者海潮冲毁海堤海塘，吞噬码头、工厂、城镇和村庄，使物资不得转移，人畜不得逃生，从而酿成巨大灾难；风暴潮还给沿海的滩涂开发和海水养殖带来严重的破坏，并可能在风暴潮灾过后伴随着瘟疫流行、土地盐碱化，使粮食失收、果树枯死、耕地退化，并污染沿海地区的淡水资源，而使人畜饮水出现危机，生存受到威胁；沿海某些海岸也因风暴潮冲刷而遭到侵蚀。

2. 灾害记忆

2007 年 3 月 4—5 日，烟台北部沿海及莱州湾出现自 1969 年以来最强的一次风暴潮，导致莱州湾及烟台北部沿海部分岸段防潮堤被冲垮、多艘渔船被损坏、部分养殖场严重受损，电力、通信及沿岸设施受灾严重。

▲ 2007 年 3 月 4—5 日，风暴潮使烟台市芝罘区海岸基础设施被破坏。

▲ 2007 年 3 月 4—5 日，风暴潮使莱州市被毁坏的渔船。

▲ 2007 年 3 月 4—5 日，威海市遭受特大风暴潮袭击，渔船被毁坏。

3. 灾害防御

（1）风暴潮来临前，沿海居民、村庄、学校、单位、从事养殖等人员应停止生产和活动，转移到安全地带。

（2）海上船舶回港，停止一切海上生产、运输。

（3）关闭海水浴场，不要在海边游玩、逗留。

（4）政府及有关部门应加强对港口、码头、船厂、锚地船舶、建港施工等地现场巡查、监管，积极修筑和加固防潮工程，如沿海堤防、挡潮闸等。

学校、机场、港口、车站、高速公路、旅游景点等人口密集公共场所的管理单位应当设置或者利用电子显示装置及其他设施传播预警信号。

天气预报和气象灾害预警信号发布窗口

天气预报和气象灾害预警信号发布窗口

天气预报和气象灾害预警信号发布窗口

中国天气网

山东气象网

山东兴农网

山东天气网